北京市科学技术协会科普创作出版资金资助

China's Golden Snub-nosed Monkeys:
Their Life Illustrated

滇金丝猴

生活图解

于凤琴　著/摄

中国林业出版社
China Forestry Publishing House

图书在版编目(CIP)数据

滇金丝猴生活图解：北京市科协科普创作出版资金资助项目 / 于凤琴著/摄.
-- 北京：中国林业出版社, 2018.4
ISBN 978-7-5038-9496-1

Ⅰ.①滇… Ⅱ.①于… Ⅲ.①金丝猴－普及读物 Ⅳ.①Q959.848-49

中国版本图书馆CIP数据核字(2018)第057436号

中国林业出版社·生态保护出版中心
责任编辑：刘家玲　严　丽

出　版	中国林业出版社　(100009 北京西城区德内大街刘海胡同 7 号)	
网　址	http://lycb.forestry.gov.cn	
电　话	(010) 83143500	
印　刷	北京雅昌艺术印刷有限公司	
版　次	2018 年 4 月第 1 版	
印　次	2018 年 4 月第 1 次	
开　本	260mm×250mm　1/12	
印　张	11	
印　数	1—4000	
定　价	99.00 元	

序 一

凤临雪山　琴响古箐

蒋志刚

于凤琴老师的第二部科普作品——《滇金丝猴生活图解》即将面世。我有幸先睹为快，是一件令人振奋的事情。

认识于凤琴老师多年了。她曾是《中国绿色时报》的记者，是一位做事雷厉风行、风风火火、快人快语的媒体人，在平面媒体和电视领域辛勤耕耘了数十年。她热爱新闻工作，并且全身心投入，是一位高产记者和出色编辑。2009年，于凤琴老师从工作岗位上退下来后，开始了她的人生第二春。

现代社会迎来了数码时代、信息时代，人们生活在一个网络社会。环境在变、人们在变、生活在变，一个突出的变化是人的兴趣的多元化。于凤琴老师把野生动物保护与野生动物摄影作为自己新的选择，并将野生动物摄影与野生动物保护有机结合，这是一件非常值得做且很有意义的事。她爬山越岭、风餐露宿，在野外拍摄各种野生动物，滇金丝猴是她镜头中常见的物种之一。

摄影，过去是一门高深的技术专业。复杂的技术、昂贵的支出，阳春白雪，和者甚寡，普通人望而却步。在那个年代里，一张好的野生动物照片犹如凤毛麟角，十分难得。在数码时代，数码相机升级换代，日益智能化。数码摄影将摄影技术从摄影师手中解放出来，数码摄影设备的普及，更使得我们进入了一个"人人皆摄"的时代，摄影似乎成为一门日益普及的"下里巴人"技术。

尽管我们处于一个人人都是摄影师的时代，然而要拍摄出高水平的摄影作品仍不是一件容易的事。野生动物生活在深山老林、大漠深处，环境艰苦，拍摄危险。野生动物害怕人、躲避人。如何到达那些有野生动物的地方，如何让野生动物面对镜头、凝视镜头、表现出自由自在的行为，的确不是一件容易的事情。

滇金丝猴是中国特有动物。数十年前，滇金丝猴藏在深山，不露真面目。直到摄影师奚志农拍摄到滇金丝猴彩色照片，才

在世人面前撩开了滇金丝猴的面纱：那浑圆的大眼睛、深邃的乌黑瞳孔、鲜艳的绛色嘴唇、一身大氅式的银灰色毛发，令人不免赞叹——这是世界上最美的动物之一。以致后来滇金丝猴的图片曾被当作"国礼"，送给来访的美国前总统克林顿。

于凤琴老师退休之后，克服了重重困难，选择去云南白马雪山自然保护区拍摄野生动物与自然生态，来到维西县的响古箐，在当地护林员的全力帮助下，开始用相机记录一群野生滇金丝猴，拍摄它们的行为，了解每只猴子的个性，观察它们的社会与生活。经过十几次的友好接触之后，这群滇金丝猴已经接受她的存在。这样，于老师游刃有余地用镜头记录了那群野生滇金丝猴，并用她那特有的丰富联想，生动、细腻的笔触，在《滇金丝猴生活图解》中图文并茂地展示了野生金丝猴的生活和社会，似乎让人看到了婴猴们的天真与纯净、幼年猴的伶俐与活泼、雌猴的慈爱与善良、雄猴的勇猛与王道，给人以身临其境之感。

2017 年 2 月 24 日，她首次拍摄到滇金丝猴野外分娩画面，改写了"滇金丝猴夜间产仔"的文献记载，成为轰动一时的新闻。这次，她用照片记录了滇金丝猴神秘生境，拍出了滇金丝猴雄的"王者之尊"、母猴的"舐犊情深"、婴猴幼猴顽皮活泼的"童真无限"以及反映滇金丝猴家庭生活伦理的"夫唱妇随"和群居生活中的"温馨社会"。这对日后滇金丝猴的科学研究以及对滇金丝猴相关知识的普及，都具有非常重要的价值。

我喜欢端详野生动物照片，因为它包含了无穷的信息。一张精美的野生动物照片就像一首诗，韵律自然，值得慢吟细唱；一张美的野生动物照片像一壶清茶，回味无穷，值得细啜慢品；更像一幅画，凝固了时光，锁住了动物的动态。仔细欣赏于凤琴老师的每一张作品，你会惊叹动物之美、自然之美，作者的如神之笔，又将你带入野生滇金丝猴社会，联想起人世间的喜怒哀乐、恩爱情仇——原来灵长类的生活、家庭、社会与我们人类是如此相似！

愿滇金丝猴、黔金丝猴、川金丝猴以及世界上所有的野生猿猴，与人类永世共存，同享地球生物圈！

中国科学院动物研究所研究员，博士研究生导师
中华人民共和国濒危物种科学委员会（CITES 中国科学机构）常务副主任
中国科学院大学研究生院教授

2017 年 9 月 19 日于北京市中关村

序 二

她没有把猴子当"外人"

钟　泰

收到于凤琴老师的邀请，要我为她的第二部展现滇金丝猴的书作序，既欣慰又为难。欣慰的是现在关注滇金丝猴的人越来越多，为难的是，舞文弄墨不是我的长项。但近四年来，于凤琴老师十几次往返白马雪山国家级自然保护区，深入到山林里、高原上、雪地中，观察、拍摄滇金丝猴，并做了许多研究性工作，我常被她的热情与执着所感动，盛情难却，自是欣然命笔。

滇金丝猴是世界上唯一能在海拔四千米以上高山针叶林带栖息的灵长类动物，也是我国特有的物种，由于它们终年生活在人迹罕至的雪线附近，因而被人们誉为"雪山精灵"。二十世纪八十年代以前，只有极少数动物学家知道这个"曾经存在过的"物种，直到1979年末我国动物学家的一次专项野外考察，才证实了滇金丝猴没有灭绝。

国家为了保护滇金丝猴及其他珍稀野生动植物，1983年成立了白马雪山国家级自然保护区。作为保护区的工作人员，我们也开启了滇金丝猴的野外跟踪考察。但是，在浩瀚的高山原始森林里寻找滇金丝猴的踪迹并非易事，最初的两年，我们甚至连猴影都没有见到。经过十几年不懈地寻找和追踪，我们终于摸清了保护区及周边滇金丝猴的分布情况和种群数量以及它们的生存样态和食性。

滇金丝猴研究不断取得可喜成果的同时，保护区的另一个重要职能——自然生态的科普宣传教育工作也提上了日程。为了让普通人也能目睹和亲自了解濒危的滇金丝猴，提高广大公众的保护意识，需要热爱野生动物保护事业、关注滇金丝猴的有志之士，致力于保护并向社会、向大众进行科普宣传，于凤琴老师恰在这个时期来到白马雪山，很自然地加入到保护与科普宣传的行列中。

在高原上进行野生动物观察与拍摄，对一个年轻小伙子来说都不是一件容易的事，对于凤琴老师这样年过花甲的老人家来说，其难度可想而知。可于老师在观察拍摄中，每天与护林员一起，天不亮出发，太阳下山返回，与护林员为伍，与滇金

丝猴为伴，认真倾听护林员的诉说，真实记录滇金丝猴的每个行为瞬间，从而获得大量的一手资料。2017年2月，她的第一部描写滇金丝猴的作品《响古箐滇金丝猴纪事》出版，书中用纪实的手法，再现了滇金丝猴及护林员的真实生活，写出了滇金丝猴的喜怒哀乐，也道出了护林员的甜酸苦辣。这无论是对响古箐人还是对护林员来说，都是非常大的鼓舞，作为保护区的管理者，感激之情，无法言表。

"猴子没把我当外人"是于老师常说的一句话。的确，许多珍贵的图片，我们都很惊讶她是怎么拍到的。滇金丝猴通常是夜间产仔，白天产仔的概率极低，于老师却是两次拍到滇金丝猴白天产仔。2017年2月24日，还全程用视频记录了滇金丝猴产仔的产前、产中及产后的全过程，创下拍摄与观察的首次纪录，不仅如此，她还拍到雄猴在雌猴产仔过程中呵护雌猴、用松萝喂雌猴的感人画面，让我们好生感动。当然，我们也深知，能有这样的纪录，实在是滇金丝猴为她"打赏"。就她个人来说，除了勤奋与坚守外，更重要的是于老师也没把猴子当"外人"，你看她观察猴子的那份喜悦与深情，便知她对猴子的喜爱有多深。因此，滇金丝猴才会把它们最隐私的东西"表演"给于老师看，让我们这些管理者和护林员都心生羡慕。

其实，更多的是于凤琴老师也没有把护林员当"外人"。这几年，她为改善护林员的工作条件，可是进行了不少的努力。2015年，她向河北省佛教慈善基金会求助，为三十位护林员购买专业户外全防水登山鞋。之后，又四处"化缘"，相继为护林员购买了照相机、三脚架、摄影包、保温杯、户外双肩包、专用手电筒、T恤衫、环保袋，等等。2017年11月，经于凤琴老

师牵线搭桥，民营企业修正药业集团的刘正财先生来到白马雪山，看望护林员及滇金丝猴，并为护林员捐赠了价值二十多万元的常用药品。这些无微不至的关怀，护林员自然也不会把于老师当"外人"。2016年，于凤琴老师顺理成章地成为香格里拉维西滇金丝猴保护协会的名誉会长。

滇金丝猴是个神秘的物种，揭开它们的秘密，还有相当长的路要走，保护工作也任重而道远。如何向全社会、向公众展示滇金丝猴猴群，让更多的人在保护濒危野生动物中，观赏到它们的真实容貌，是个不同凡响的尝试。这种展示完全不同于以娱乐为前提的动物园，它不仅仅是让普通人看到和认识滇金丝猴的样子，更重要的是让人们看到滇金丝猴所赖以生存的森林生态环境，看到只有在这种环境中生活的滇金丝猴，才有雄健的体魄和自由快活的精神状态，并由此告诉人们，濒危野生动物只有生活在大自然中，才能真正得到拯救。只有在自然状态下生存的野生动物，才能回归其自然的属性。对一切渗透到野生动物生活中的人类行为，都应采取坚决杜绝的态度。保护区这样做不仅是为了保障滇金丝猴展示群的自然性和种群健康，同时也是为了向公众传播"大自然赋予生命以活力，只有保护好大自然，包括人类在内的所有生命才能生生不息"的理念。这一切将在于凤琴老师的新书《滇金丝猴生活图解》中得到答案。

保护区十分感谢于凤琴老师用影像记录了滇金丝猴的真实生活样态，十分感谢于老师将雪山精灵的生动写照介绍给更广泛的社会公众。我们还认为《滇金丝猴生活图解》的面世，是对保护区十五年来保护工作的认可，这将推进滇金丝猴科研和科普工作的进一步开展，鞭策我们不断进取与努力。

云南白马雪山国家级自然保护区管理局维西分局局长
香格里拉维西滇金丝猴保护协会会长　　钟泰

2017年12月5日于响古箐

导 言

滇金丝猴从远古携来的大数据

初识滇金丝猴

滇金丝猴是中国特有的物种，世界上唯一的红嘴唇动物，也是长得最像人类的动物。滇金丝猴是唯一生活在海拔三千二百米至四千六百米的针阔叶混交林和寒温性针叶林中的灵长类动物，主要分布在喜马拉雅山南缘横断山系的云岭山脉当中。它们所栖息的区域，西边以澜沧江为界，东边以金沙江为界。

相关资料记载：滇金丝猴被人类正式命名和科学记载已经有一百多年的历史，最早发现这一物种的是法国传教士比埃特（Monseigneur Bie）。1890 年，法国的一支动物采集队到达中国云南德钦，他们在中国云南省西北部的白马雪山开展狩猎活动，比埃特帮助采集队猎获了七只滇金丝猴，制成标本并带回到法国的巴黎自然历史博物馆。

1960 年，我国动物学家彭鸿绶教授在云南德钦的畜产公司看到了滇金丝猴的皮，证实这个神秘物种仍然存在。1962 年，中国学者在野外考察中第一次发现了滇金丝猴的踪迹。而真正对滇金丝猴的实地科学考察始于二十世纪七十年代末。据滇金丝猴研究专家龙勇诚先生介绍，1979 年，中国动物学家终于在这次野外考察中，亲眼见到了野生滇金丝猴种群的活动情况，还首次获得三个完整的标本，从而揭开了滇金丝猴那神秘的面纱。

由于滇金丝猴生活在高海拔地区，栖息环境极其恶劣，不适宜人类在此长时间停留，加之滇金丝猴胆小机警，人类很难与它们接近，因此，人类对滇金丝猴的研究还处于初级阶段。

人类的影子在猴群闪现

滇金丝猴曾经是傈僳族人狩猎的对象。从傈僳族老猎人口

述中得知，滇金丝猴种群中没有猴王。

经动物学家和当地自然保护区工作人员进一步观察，不仅证实了傈僳族老猎人的说法，还发现了滇金丝猴"一夫多妻"的婚姻制度、以家庭为单位的社会结构、家长负责制的生活方式等秘密。担任家长的雄猴为家庭中的"主雄"，一个家庭只有一位成年雄性——主雄。在滇金丝猴家庭里，主雄的多位配偶中与主雄关系最为密切的是妻子，也可称为"主雌"，"主雌"只有一个，其他配偶都是"妾"或称为"副雌"。主雌虽然是主雄的得力助手，但在家庭中却没有决策权。滇金丝猴这种一夫多妻的婚姻制度、以家庭为单元划领域居住的社会结构、家长负责制的生活方式是如何建立与传承的？它们和人类最接近的模样、与中国帝王社会一夫多妻制最相似的婚姻制度及生活行为，到底隐藏了多少奥秘？滇金丝猴无论老幼，不分性别都有着比女人抹了口红还红的玫瑰色嘴唇，在它们身上是否藏匿着至今还无人揭开的生物秘密？这些都有待科学家去不断探索与求证。

在动物学研究中，野外观察既是初级研究，也是最不可缺少的环节，当然也是最困难、最艰苦的，尤其是对生活在高海拔地区的野生动物的研究。对野生动物的研究光靠肉眼的观察是不够的，它们在跳动、奔跑、飞翔过程中，有些行为是无法看清楚的，即使借助高倍望远镜，对有些稍纵即逝的行为，也很难得到清晰的印象和有力的佐证。而现代科技——数码相机和长焦镜头的运用，对野生动物、尤其是对滇金丝猴的研究却弥补了许多肉眼观察中的缺陷，也将研究工作推向一个新的台阶。

在影像资料中，仔细观察分析野生动物行为与生活习性，会得到不一样的认识。还是那群滇金丝猴，还是那个场景，却看到了不一样的内容。通过对影像资料的解读，它们的婚姻制度、生活习性、作息时间，都与人类有着高度的相似。特别是体现在家庭中的等级制度、主雄与妻妾之间的微妙关系、妻妾之间

的相互关系以及主雄与雌性间的性生活，还有雌性的怀孕、生产、抚育幼仔，无一不像极了人类的行为。似乎在滇金丝猴群中，不仅显现了人类的前世今生，还有一面映照自己的镜子。这不是一面普通的镜子，它不但能照出人类的影子，还能上溯到祖先，甚至于将自己遣返到智人时代，去寻找那些曾经丢失了，抑或未能遗传下来的基因密码。

人类的历史，一定是出现在有历史记录之前。历史学家们研究的人类历史，大多是有记录的人类发展史。其实，研究历史或是深谙历史的人，最终都会走出历史。就像研究人类学的人，最终都会跳出人类学一样，或是走向哲学，或是走向生物学，他们都希望在那里得到答案。

然而，这个答案的主人很吝啬，从不轻而易举将答案示人。通过在白马雪山对滇金丝猴的观察，我对人类历史与现代人生有了新的认识和理解，这时，心就回不来了。回不来怎么办？再去白马雪山，再走进滇金丝猴的世界。去的次数多了，况且每次去都会有新的发现，观察也就越来越深入。在观察与拍摄中，看到滇金丝猴与人类酷似的一些行为，便会进行一些思考，在思考中有些想不明白的，再去"充电"。于是，滇金丝猴身上携带着的那些生物学、生态学、心理学、行为学、伦理学、社会学等大量数据，就会被分门别类地记录。正是这些记录，又给自己展开了一个全新的世界，带来了一些更新的启迪，这样，才有了这部《滇金丝猴生活图解》。

第十五次上白马雪山

将前十四次拍摄的影像素材进行整理，用近两个月的时间，挑选出五百幅图片付诸于书稿时，仍然不能让自己满意。透过这十万幅（条）的影像，感觉滇金丝猴一定还有许多事"瞒着我"。出书之前，我还需再去白马雪山，进行有针对性的观察与拍摄，

再次向这个吝啬"鬼精儿"讨要点什么。决定做出后，无法按捺住激动不已的心情。当我再一次来到白马雪山时，看了那些我都能叫得上名字的滇金丝猴，还是如同初次相见一般，依然让我兴致盎然。

残疾猴"断手"去年老来所得之子，长大了不少，毛发比原来长了，眼神还是那么萌；青年主雄"兴盛"的发型大有冲冠之势，比以前更帅了；美男"红点"还是那么酷，它的小妾"零辛"肚子好圆好大，可能这几天就要生产啦；具有传奇色彩的"白脸"又从外群回来了……护林员们如数家珍般向我介绍近两个月里猴群中发生的变化。

听着那些津津有味的新鲜故事，我再一次向护林员询问滇金丝猴的这些习性与规矩是怎么形成的，他们有的笑笑说"这只有等猴子会说话了才能知道"；有的则说"从它们老祖宗那里传下来的，祖制没有被破坏"。与护林员的聊天，是我获得滇金丝猴相关信息的直接途径。这些与滇金丝猴几十年在一起摸爬滚打的护林员，对滇金丝猴的了解，比对自己家人的了解还多，用他们的话说："陪滇金丝猴的时间要比陪自己老婆的时间长"。正是在与护林员这种零距离的接触中，我才有了很多的第一手资料。这次又是他们告诉我，"有一只叫'零辛'的小母猴快要生产了"。

原来，"零辛"2016年生育过一胎，因是初产，没有经验，不会为婴猴断脐带，婴猴的脐带被缠绕在树上，"零辛"抱婴猴跳跃时，导致其腹部受伤，最后夭折。曾经有半个月的时间，"零辛"一直将死婴猴抱在怀里，直到死婴猴尸体腐烂，抱不起来为止。过了几个月，"零辛"才走出悲伤，再次怀孕，今年将再一次当妈妈。对"零辛"的怀孕，无论是护林员还是科学研究者，都非常关注。在滇金丝猴的生育史上，连年生育的现象极少，过去的文献记载，都是隔年一胎或是多年一胎。今年，"零辛"的再次生产，将是一次破纪录的有科学研究价值的生产。

根据护林员提供的信息，我专注对"零辛"的观察，终于在2月24日全天，抓拍到了它生产的全过程（见本书温馨社会："雪儿诞生"）。这是自从有滇金丝猴记录以来，人类第一次看到并且拍摄到野生滇金丝猴在自然状态下产前、产中、产后的全过程，这也改写了滇金丝猴只在夜间产仔的学术定义。

在白马雪山，观察滇金丝猴，探秘滇金丝猴的人有很多。这当中，有来看热闹的游客，有做动物行为学观察的研究生，也有做生物分子学研究的专家。同样是呈现在人们面前的一群群、一只只滇金丝猴，不同的人群、不同的角度，看到的是不一样的内容。在我的观察中，不断发现的是这些和我们同为灵长目的异族身上所拥有的"人性"光辉，越来越靓丽；感受到它们情绪中散发出来的温度，越来越温暖。

父系社会权力与母系社会关系

在滇金丝猴家庭里，传承的是父系社会的权力。家长是家庭中的父亲，父亲有帝王之尊，在家庭中享有至高无上的权力与地位。主雄的妻子，位同王后。主雄在妻、妾和子女面前就是君王，妻妾儿女也必须遵循"君臣之礼"。这里的父亲大多妻妾成群，儿女绕膝；妻妾儿女们唯主雄马首是瞻，唯君命是从。

在滇金丝猴的婚姻制度中有一个很特别的惯例，那就是女随母嫁。母猴的性成熟时间为五岁到六岁，滇金丝猴主雄的在位时间，一般不超过三至四年，当主雄的亲生女儿到了谈婚论嫁的时候，主雄也该退位了。主雄在最初的两三年内是相对稳定的，但也不是一成不变的。这期间，不断会有挑战者来夺取主雄的家长之位或抢夺其家庭中的母猴，一般成功者较少。但到了三四年之后就不一样了。通常到了这个时间点上，雄猴的体力与精力都会下降很多，面对年轻气盛的挑战者，原主雄往往是胜少负多。尽管不是所有挑战者都会如愿夺得主雄之位，

但会有新的挑战者不断"逼宫"，成为新的主雄。当然，老主雄必须在其女儿的性成熟之前退位，而老主雄的离去，可以有效地避免近亲繁殖，这也是滇金丝猴生存智慧的具体体现。

滇金丝猴主雄更替时状况非常惨烈，老主雄不甘心让位，挑战者步步紧逼，牙齿、四肢此时都成了凶器，有时杀得血光四溅，有时互相咬得面目全非，有的主雄或是挑战者当场毙命。在竞争主雄的打斗过程中，以原主雄身心俱败、彻底退出，新主雄上任为终结。而此时，待嫁闺中的女儿，便顺理成章跟随母亲嫁给新主雄，变成了"媳妇"。在观察中还发现，不仅是女儿随母嫁，女儿的女儿也会沿用此习俗随母嫁，这样，三代母女共侍一夫的事，就在猴群中出现了。

遵守原则，助他为乐

滇金丝猴群里的母亲，大多怀里抱着婴、幼儿。婴、幼儿会跟母亲咿呀学语，随时紧紧抓住妈妈的体毛；它们有时会将头埋在妈妈的怀里，有时会倒挂在树枝上嬉戏，有时会摘取树叶小心地放在嘴里咀嚼；它们常常和小伙伴们一起玩耍；当它们已经长得像妈妈一样大了，有时还会紧紧地叼着妈妈的乳头……

在滇金丝猴群中，抱婴猴的可不一定都是这只婴猴的妈妈，很有可能是这只婴猴的姐姐，或是姥姥，或是太姥姥，或是姨妈。在滇金丝猴群里，婴猴会得到多个雌猴的照顾。

我们平时所说的"助人为乐"，在滇金丝猴群里得到了最好的诠释。人类帮助他人，结果不一定都"快乐"，但滇金丝猴群的母性们，都愿意帮助别的母亲照看婴儿，这些雌猴会将别家猴的孩子视如己出，备加关爱。滇金丝猴的这种"利他行为"是非常具有人性化色彩的。它们充当着"阿姨"的角色。母猴抢抱婴猴时的热情很高，从它们争相抢抱、乐此不疲的兴奋状态，可以感受到它们把帮助别的母亲照看婴儿当作是一种快乐、一种幸福。

滇金丝猴是社会性动物，它们以家庭为单元生活在大小不一的部落里。大的部落有几十甚至上百个家庭，小的部落也会有几个或是十几个家庭。家庭中的成员不尽相同，成员的多少首先取决于主雄的个体能力、"人格魅力"，然后是原家庭主雌的裙带关系。如果原家庭主雌与副雌间本是亲缘关系，它们一般不愿意分开，当遭遇挑战者进行抢夺时，它们多会顺从新主雄集体下嫁；如果这些母猴之间没有亲缘关系，则另当别论。

一个大部落里，一群天性顽皮的猴子生活在一起，想要相安无事，遵守规矩是和谐的关键。滇金丝猴家庭因为尊卑有别、长幼有序，加之群中制度严格，一般都能其乐融融。在"和平年代"，家庭间划领地栖息，各居一方，且守土有则，不越雷池半步。大家和睦相处、秋毫不犯是滇金丝猴共同遵守的生活原则；若遭遇天敌来袭，滇金丝猴特别是主雄会集体出动，团结奋战，顽强御敌，集体主义观念得以充分体现。

滇金丝猴的多面性

在观察中，可以看到婴猴们萌萌欲动；幼猴们天真活泼；年老者怡然自乐；年轻者血气方刚。"姑娘"们仪态万方；"小伙子"则风情万种。在日常的相处中，它们之间既有云天高谊，也有深恶痛绝；既会彬彬有礼，也会拳脚相加。有时，彼此间种群内的"战争"也会一触即发。

彬彬有礼时，大家相互谦让，处处彰显出慈爱、友好、文明、温馨，谁也不越雷池半步；拳脚相加时，平日里的斯文荡然无存，呈现出的是惨不忍睹的厮打和势不两立的竞争。争斗时，狡猾、欺诈、残暴发挥到极致，此时，哪个也不会手软，使尽浑身解数，直到你死我活。

滇金丝猴之间的决斗，多为生殖资源——配偶的争夺。因为，只要雄猴获得了雌猴的跟随，便有了配偶，有了配偶，就可升级为主雄。升级为主雄不仅会享受帝王般的待遇，还可将自己的基因代代相传，这是每只雄性滇金丝猴一生的欲求，也是本性使然。

在滇金丝猴群里，"以成败论英雄"是大家共同遵守的原则。成功者，虽非真"天子"却可"令诸侯"；败者，妻子儿女拱手送出。不管自己的过去有多么强大，多么辉煌，也无论谁曾经是自己手下的败将，只要你此时败给了"对手"，就只能看着自己的老婆成了别家的妻妾，还会眼睁睁地看着自己的女儿做了"情敌"的媳妇；而视为掌上之宝的儿子，成了挑战者的孩子，自己也必须心甘情愿地加入到本部落全雄家庭中沦为"猴奴"。

退位的滇金丝猴主雄一般都非常凄惨，如果不愿意在本部落的全雄家庭栖身，就必须离群索居，或到其他部落为"猴奴"。这是滇金丝猴自己固守的伦理。在这一点上，滇金丝猴与人的行为区别在于，它们不像人那样含蓄，它们的行为没有掩饰，不做任何回避，也不受道德及法律的约束。

说到法律与道德，2016 年，白马雪山响古箐滇金丝猴群中发生了一件让人既悲伤又无奈的事情。按常理，滇金丝猴的家庭不会侵犯其他家庭的领地。可是，那一天，不知为什么，主雄"兴盛"咬伤了主雄"红点"家的母猴和婴猴，三天后，母猴死亡。主雄——猴爸爸"红点"只好将这只受伤的婴猴背在身上，可父亲终归不能替代母亲，它没有奶给猴宝宝吃，最后这只受伤的婴猴还是死了。让人意想不到的是，"红点"没有直接去报复"兴盛"，而是咬死了"兴盛"家的一只婴猴。这让我想起古巴比伦国王汉谟拉比颁布的《汉谟拉比法典》，这部语言极其丰富、辞藻非常华丽的法典，有的法律条文却让人啼笑皆非。比如，如果是一个上等人杀了另一个上等人的女儿，惩罚的办法就是将凶手的女儿杀了。这是不是与前面所说的发生在"兴盛"

与"红点"家的杀婴案非常相似？这在如今看来是多么荒唐的惩罚策略，不仅滇金丝猴群里现在仍在使用，人类的历史上也曾使用过。

滇金丝猴真是个神奇的物种，它们身上的许多秘密还不为人知晓，要想揭开这其中的奥秘，还有非常漫长的路要走。我们期待着早日将这个大幕拉开，早日让它们身上那些从远古携带来的大数据，对人类的进化、动物行为的演化、环境对野生动物的影响等研究产生积极的作用，使人类更早地介入对未来人类的探索。

2017 年 12 月

目 录

滇金丝猴是以家庭为单元群居的社会性动物。滇金丝猴种群中没有"猴王"，统治者是种群中家庭地位等级高的"家长"，每个家庭中的"家长"都具有——

王者之尊

　　滇金丝猴种群的社会结构，与灵长类其他种有所不同，它们的行为与人的行为相似度非常高。猕猴的社会结构是"猴王"制，一个大大的部落或是群体，都由获得"猴王"称号的那个雄猴来统领。滇金丝猴种群里却没有猴王，它们是以家庭为单元的"家长负责制"社会结构，实行的是一夫多妻的婚姻制度，家庭主雄，也称之为"家长"。

● 交配，是滇金丝猴生活中的一项重要内容，有别于其他兽类交配的目的就是为了繁衍子嗣。
滇金丝猴的交配行为是由雌猴主动发起，邀请主雄与之进行，因此，也称之为"邀配"

● 副雌（右一）为主雌理毛

滇金丝猴家庭是一个妻妾成群的大家庭。"妻"——主雌；"妾"——副雌。"妻"和"妾"的地位是有严格等级区分的。一个称职的主雄，既懂得平衡"妻""妾"之间的关系，又会让家庭成员之间尊卑有别。"妻"永远离主雄最近且可以与主雄耳鬓厮磨，"妾"则与主雄相对保持一定的距离。如果"妾"想与主雄亲近，往往先讨好主雄的"妻子"——主雌，它们最常用的手段是为其理毛，讨得主雌的欢心。只有这些母猴相处和谐，家庭才会兴旺。

滇金丝猴的"家长"由雄猴担任。"家长"的产生与其显赫的地位不是与生俱来的，也不是轻而易举能够得到的，而是要在竞争中取胜。首先，想成为"家长"的雄猴要先成为挑战者，然后在挑战中打败原来的"家长"，并从这个原"家长"的手中夺取它的妻、妾、儿、女。夺得原"家长"的妻妾还不算成功，还得让这些原"家长"的妻妾们服从自己，服从自己最明显的标志是原家庭中的雌猴向新的"家长"示爱，邀请新的"家长"与之交配。挑战者只有完成这一系列的程序后，其他家庭中的"家长"才会认可其升级，正式成为新的"家长"。

雄猴一旦成为主雄，在家庭中便有了"帝王之尊"的地位。滇金丝猴的规矩是，雄猴在武力对决中所获得的母猴，大多会顺从于它——新的夫君。但也有不顺从的母猴，它们在挑战者与原"家长"决斗中被获胜的挑战者掠夺过来后，有的母猴对这个新"家长"并不认可，它们也许与"前夫"还有未尽的情缘，或是不喜欢现任。这时候，母猴也会伺机逃跑，再回到"前夫"身边。一旦母猴选择出逃，新"家长"也不再抢夺，这样，也算是给了母猴一个自由选择的权利。

主雄侵占它猴利益，占有其他猴食物的行为，在滇金丝猴群中司空见惯，或者说这就是它们的习性。主雄的食量比较大，它要吃几份食物。有时母猴费尽周折采到的食物，主雄不由分说，一把夺过就塞进自己的嘴里。这时，母猴会默默承受。

除了在生活资源上要多吃多占外，主雄在获得生殖资源后的行为也耐人寻味。动物界的生殖行为中，求偶、交配时，多为雄性占主动。但在滇金丝猴这种一雄多雌的群体，或是一夫多妻的家庭中，示好、"求爱"的一方却是雌性。母猴多在与主雄交配前主动为其理毛，进行一些身体的接触，似乎在讨主雄欢心。

主雄也很享受这一夫多妻的幸福

● 青年主雄

● 完成交配后，雌猴一般会陪在主雄的身边待一会儿，或为其理毛，
或贴身陪伴以示感谢

有了良好的沟通与铺垫后，母猴很会把握时机，抓准主雄的兴奋期，在主雄视线最好的地方，趴地翘臀，并发出叫声，吸引主雄的注意力。通常情况下，主雄都会应邀前往，完成母猴的欲求。有时，主雄或是没有看见，或是有其他外界因素的干扰没有应邀，这时母猴会换个地方，再次发出邀请，主雄这才会满足它的需求。当然，也有母猴多次发出邀请而主雄不予理睬的。一般情况下，四次邀请均不成功，母猴便不再坚持，只好放弃了。

滇金丝猴家庭在整个种群的社会地位取决于主雄——这也是主雄的功能之一。在滇金丝猴整个猴群中，说话算数的是家庭地位高的主雄。家庭地位的高低，是由主雄能力和家庭成员的多寡决定的。迁移、对付外来侵略、躲避天敌等，这些决定均由家庭地位高的主雄来决定。

盛年时期的主雄

　　2008 年，白马雪山自然保护区内最北端的一个种群——吾牙普亚种群，离开了保护区界地，一路向北，很快就要到达一个矿区的所在地。为了保护吾牙普亚种群的生态安全，保护区决定，要让这群即将跑路的五百只滇金丝猴回迁，并将此次回迁命名为"回家行动"。正是在这历时近八个月的"回家行动"中，保护区的工作人员观察到了许多滇金丝猴不为人知的秘密。

● 高地位家庭的主雄时常会登高望远，洞察猴群发生的一切

● 迁移途中

"回家行动"的过程表明，在整个猴群中，说了算、有决定权的是群中最有地位的家庭，家庭的地位又取决于主雄。在通常情况下，各家安守一方，"鸡犬之声相闻，老死不相往来"。一旦群中出现"险情"，从群猴的目光中就可以看到这个猴群中谁是"老大"。 因为，这时猴群中的"男女老幼"都将目光集中在群中地位最高的那个家庭。率先行动的是这个家庭的主雄（当然，全雄家庭成员虽非首当其冲，也必须冲锋陷阵）。紧随主雄之后的是这个家庭的"妇女"和"儿童"。此时，母猴主要是看护好婴猴和幼猴。危险降临时，群中所有家庭都跟在地位高的家庭后面，或迁移，或躲避。

因此，滇金丝猴种群的兴旺，与种群中高地位家庭中的主雄有着极其重要的关系。特别是在回避风险、躲避天敌与抗击外群入侵时，这个高地位家庭中的主雄相当于一场战争的指挥长和冲锋员，它的智慧与勇敢，决定着整个猴群部落的兴旺与衰败。

● 迁移途中，仍以家庭为单位
行走，并然有序

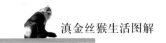

雄猴的青春期非常短暂，做"家长"的时间一般不会超过四年。如果到了第四年家庭中没有婴猴出生，那这个"家长"的地位就要动摇了。这时，无论是猴群内的"全雄"家庭成员，还是外来的挑战者，都会瞄上这个家庭的主雄位置，一旦竞争发生，主雄的位置有可能瞬间被取代。

● 即将"退役"的老年主雄，只剩一妻一子相伴

● 落败的主雄

　　失去主雄地位的雄猴，有三个去向：一是到群内的全雄家庭中"寄存"自己，恢复单身汉生活。亲眼看着自己的妻妾成了别家的老婆，感情上似乎很难接受，但必须面对现实；二是离群索居，独自一方，貌似自由自在，其实对于群居动物而言，这是非常痛苦的，孤独寂寥，天敌窥测，也是非常危险的；三是"走为上计"，以眼不见为净，远走他乡，加入到别群的全雄家庭。

● 雄性婴猴

　　一般情况下，滇金丝猴主雄退位后，很快便在抑郁中死去。这也是滇金丝猴群中雄雌比例大约在 3 : 1 或是 2.5 : 1 的主要原因。每年出生的婴猴多为雄性。

滇金丝猴的爱子之情不亚于人类，母猴对婴猴的疼爱深切且无私，它们不仅疼爱自已的孩子，对别的婴猴也是视如己出，真的是——

舐犊情深

在哺乳类动物中，滇金丝猴虽说不上体型硕大，也算得是中等身材，加上生活区域的限制，其生存成本也是比较高的。一般生存成本高的动物，繁殖率相对较低。滇金丝猴繁殖率低的主要原因是孕期长，胎数少，两次怀孕间隔时间长，婴猴死亡率高。

正常情况下，滇金丝猴两年产一胎，一胎产一仔。这种繁殖状况，通常在食物有保障、生存安全无忧的前提下才能实现。如果发生食物短缺，滇金丝猴也会调整它们的繁殖策略，先满足主雌生育，另外再考虑其他母猴的生育要求。这一点是由主雄来调配与把控的。

四年的观察发现了三只雌性滇金丝猴两年连续生产。2015年，历史上首次出现了连胎（一年一胎）。对这一现象，保护区管理者认为，主要是得益于近几年加大了对滇金丝猴的保护力度。通过人工投食，增加了滇金丝猴的食物多样性及营养成分，改善了滇金丝猴的生活状态。还有滇金丝猴的栖息环境也得到改善，天敌在减少，盗猎者被杜绝，使它们的生存安全有了保障。

在寝食无忧的状态下，滇金丝猴的生存状况和精神状态都有了很大的改变，相应地，它们的育龄长度增加了，特别是主雄的青春期、生育期也得到了延长。

在一夫多妻制的家庭，看护幼仔的事主要由母猴来完成。滇金丝猴对子女的爱一点不比人类逊色。滇金丝猴从胚胎生成到出生，要在母亲的身体里寄居很久（有研究者认为是七个月，护林员的观察认为是足九个月）。

无论是七个月，还是九个月，都算得上是一个漫长的过程。母猴怀孕了，这期间如果身边还有上年出生的幼猴，那它对幼猴的照顾一点也不会减少。有时，幼猴个体已经长到快有母亲大了，还常常叼着妈妈的乳头不放。这时的母亲在准备孕育新的生命，就要为幼猴断奶。断奶，无论对幼猴还是母亲来说，都是一个非常艰难的过程。这时的幼猴虽说个头不算小了，但吃奶已经成了自己的一个习惯，或是依赖。对于哺乳动物而言，没有任何一种食品比母乳有更好的口感和营养。因此，断奶，对吃奶的孩子和哺乳的母亲，都是痛苦的事。

滇金丝猴母猴对孩子的疼爱是无与伦比的。断奶时，不管幼猴怎样哼叫、耍闹、撒赖或在地上打滚，母亲都不会打骂孩子。闹得实在太凶了，母亲会睁大眼睛，眉弓紧蹙，无奈地看着孩子，意思是说："对不起，没有啦，妈妈已经没有奶水啦！不信你再吸，吸不出来啦！"这时，母亲还会敞开胸怀，让孩子尽情地、使劲地放肆吸吮一番，直到再也吸不出一滴乳汁为止，这时幼猴便自己一边哼着，一边极其不情愿地放开。母亲表现出来的则是无奈和愧疚，没有半点嗔怪和怨言。

滇金丝猴母猴在临产前会有一些躁动，尤其是"初产妇"，表现出焦躁不安的情绪。这时，主雄就会主动跑过来安慰"产妇"。生产时，如果家庭中有多个雌猴，它们会来为其助产。小婴猴出了娘胎，会被其他的雌猴抱走。在亲缘关系比较近的成员中，抢着抱婴猴的，有可能是这位产仔猴妈妈的母亲、姨妈、姐妹或是女儿，它们对婴猴的到来，都会表现出极大的热情。这时，婴猴的母亲会尽力抢回自己的孩子。抢不到时，它也会发出叫声，向主雄——猴爸爸求助。猴爸爸听到求助声，会来帮助婴猴的母亲，呵斥其他雌猴放手，将婴猴还给它自己的母亲。

婴猴出生时，脐带及胎盘一并脱出，脱出后的脐带与胎盘还连在婴猴的腹部。如果这位母亲是初产，往往因为没有生育经验还不会自己断掉脐带。婴猴在大家的抢抱过程中，胎盘或

脐带可能会缠绕在树上，就会伤及婴猴生命。只有"经产妇"会有自己为婴猴咬断脐带、扔掉胎盘（也有研究者认为是母亲吃掉胎盘）的经验。

让人不可思议的是，婴猴出了娘胎，便知道谁是自己的生母，这也许就是自私的基因密码。婴猴出生后，如果是别的母猴将其抱走，它会表现极大的不安与恐惧，会张大鲜红的嘴巴，发出"嘤，嘤"叫声。这时，生母如果将其抱过来，婴猴就会

● 断奶，是滇金丝猴成长中最痛苦的过程，猴妈妈已经开始孕育下一胎了，上年出生的幼猴也已经长成半大猴了，却还在叼着妈妈的乳头不肯松口。这时，猴妈妈也最受煎熬——保着肚皮里的，护着肚皮外的，当妈妈可真是不容易

躺在妈妈的怀里鸟瞰世界，小婴猴总是既兴奋又好奇。吃奶时咬妈妈的乳头，是大多婴猴都会有的行为，妈妈会疼得叫起来，或是闭着眼睛忍受着，但却从不打孩子

紧紧地抓住母亲的体毛，与母亲胸贴胸地贴在一起，将头死死靠在母亲的腹部，并瞬间找到母亲的乳头，很安静也很贪婪地吸吮乳汁。

刚出生的婴猴，由于受大脑发育的控制，四肢还不灵活，它们只会贴在妈妈的肚子上；出生一周后，便可在母亲的胸前松开手玩耍；两三个月以后，可以离开母亲的怀抱，自己去玩耍。

三至六个月，是婴猴一生中最危险的时期。此时的婴猴有了一些自主能力，它们不甘心整日贴在妈妈的肚皮上了，它想做"自由人"，离开妈妈的怀抱，真正掌控一下自己的行动。可它却不知道，离开妈妈的肚皮，危险时刻都在等着自己。

滇金丝猴很多的时间都生活在高大的树上。这些高大的树木上，除了滇金丝猴的主食松萝，还有一些树枝上的芽孢、嫩叶和苔藓，都是它们的食物。在一些看似枯槁的树皮里，还藏着蚂蚁等各种昆虫，这些都是滇金丝猴获取的最好的蛋白质类食物。平时，滇金丝猴会以家庭为单位在这些高大的树上睡眠、停歇。这些树木多在几米至几十米，小婴猴就在这样的地方学习攀爬。

和成年猴相比，婴猴和幼猴的睡眠看似少一些。其实，它们在妈妈的怀抱里随时可以睡觉，常常在睡梦中含着妈妈的乳头。上午十一点到下午三点，是滇金丝猴的午休时间，这个时间段里，它们以家庭为单元，聚集在一起午睡，或是相互间理毛，进行情感交流。不同的家庭聚集时，也是滇金丝猴的领地最清晰的时候，彼此间不会越位。

婴猴没有领地认知能力，也没有越位感。有时候，它会爬下树来，到别的家庭找小朋友玩耍。婴猴是整个滇金丝猴种群的宝贝，无论它跑到哪一个家庭，这个家庭的成员都会很乐意地接受它，小宝宝们会和它一起玩耍，家庭中的"大人"们自然也不会慢待小"客人"。这时的危险不会太大。如果小婴猴不是去串门，而是自己上树玩耍，那危险就会大得多。有一次，一只母猴怀抱中的婴猴淘气，差点儿掉下树来，在那千钧一发的时刻，猴妈妈从睡意中忽然醒来，一把抓住了正往下掉的婴猴。这时，整个家庭的猴全部起身，发出尖叫声。被妈妈抢回来的小婴猴也尖声叫着，少见地被妈妈打了一巴掌后，又被猴妈妈紧紧地抱在怀里。

滇金丝猴与人（类）有着太多的相似之处。无论是生产还是看护幼仔期间，母猴之间都会相互帮助抚育。如果这些母猴之间又有很近的亲缘关系，它们相互帮助的频率会更高。

● "失而复得"后，猴妈妈将婴猴紧紧地护在怀里

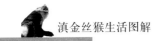

家庭主雄在妻妾生产时，一般都会陪伴在左右。产前，安慰"产妇"；产中警戒保护母婴的安全；产后守候着母婴，警告那些来抢抱婴猴的母猴，以防伤及婴猴。

● 一家之主猴爸爸，两年前迎来女儿的出生，今天又迎来了儿子的降临。
  已是儿女双全

● 滇金丝猴的孕期有七个月之久，有的胎儿出生时，还睁不开眼睛

● 出生几个小时后，小婴猴便开始打量这个新奇的世界，但此时，一刻也不敢离开妈妈的怀抱

● 小婴猴出生三周时，胆子还比较小，练习走路和攀爬，都是先在妈妈的怀里开始

● 一个月后，猴妈妈便教小婴猴练习爬行和行走。它会将婴猴先放在地面上练习走路

● 有的婴猴刚刚出生，就惊奇地打量着这个世界

● 婴猴长到一岁时，妈妈的奶水开始减少，这时，猴妈妈会教婴猴辨识一些可吃的食物。它指着树籽，似乎对怀里的宝宝说："这是漆树籽，一种有毒的食物，不可多吃，也不可不吃。因为你的肚子里有许多寄生虫，这种食物能杀死寄生虫，但吃多了，也会伤到自己，要记牢哟！"

● 滇金丝猴家庭中三代雌猴共一夫的现象虽然不常见，但有时也会出现。
　若是按人类的辈分划分，图中间的是女儿，图右边的是妈妈，图左边的是姥姥。今年这祖孙
三代雌猴都生下了婴猴。它们怀里抱着的三只婴猴，是同为一父所生的亲兄弟。若按母亲的
血缘，三只婴猴又是祖孙三代，分别是舅姥爷、舅舅和外甥孙子

● 哺育婴猴,是每个猴妈妈的天职。在妻妾成群的大家庭中,如果赶上了生育大年,每只雌猴都生育了婴猴,就没有闲下来帮着照料婴猴的"阿姨"们,猴妈妈的负担会非常重,它们要日夜将婴猴带在身边,还要教会孩子一系列的生活本领

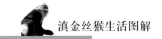

　　猴妈妈也会有累、烦、懒的时候，这时，它会将婴猴托付给自己的母亲、姐妹、女儿或是姥姥帮忙照看，自己会跑出去玩一会儿。这时，临时帮忙照看婴猴的阿姨，会热心帮忙，如果遇上猴群要迁移，它会抱起两个孩子前行，并会发出大声呼叫。正在玩耍的猴妈妈就会迅速走过来，抱起自己的孩子随猴群迁移。

● 母女俩同年同月生下猴宝宝

● 做了母亲的女儿仍玩心不改，将婴猴丢给母亲——孩子的姥姥，自己玩去了

● 猴群开始迁移，猴姥姥无奈地抱起自己的宝宝和外孙子

● 听到呼唤，女儿回到母亲的身边，抱起自己的孩，踏上征程

一个婴猴的成长，从怀孕到断奶，需要一年半到两年的时间，这期间母亲与孩子几乎形影不离。任凭孩儿怎样调皮，怎么任性，怎么不顾妈妈的劳累，猴妈妈都乐此不疲，细心地照料照孩子。

● 其乐融融

● 当大敌到来时，最可能受到伤害的就是婴猴。这时，猴妈妈与猴姥姥会将小婴猴藏进怀抱，用它们的胸膛，为婴猴筑起安全屏障

时刻注视着外面所发生的一切，保护怀中婴儿的生存安全——一个有经验的母亲，会把外界对婴猴构成的危险降到最低。外面稍有风吹草动，母亲立刻警觉地注视，婴猴也会本能地向四周张望。正是母亲这种言传身教，婴猴才会将这种本能转化为日后的自我保护能力。

面对天敌，刚满周岁的女儿吓得躲进爸妈的怀里。爸妈将女儿夹在它们俩之间，若无其事地望着远方，但女儿的小尾巴还是露出了破绽

● 刚开始学习攀爬、走路时，猴妈妈拉住婴猴，从移步开始

　　婴猴在成长过程中，面临各种各样的风险。在树上学习攀爬，是滇金丝猴一生中将要面对的第一险。在猴群中常有婴猴在学习攀爬时，从树上掉下来摔伤，有的成了残疾，有的丢了性命。因此，这个时期，婴猴的安全全靠猴妈妈来保障。

童年，是人的一生中最美好的时光。滇金丝猴和人一样，童年也是美好的，无忧无虑，乐此不疲，表现出——

童真无限

● 滇金丝猴刚一出生，便会用萌萌的眼神打量这个新奇的世界；一周后，能够在妈妈的怀里走动玩耍；三个月，就可以离开妈妈，自己爬树，摘松萝吃

● 与邻家小朋友一起玩耍

一月至三月龄的小婴猴，是最有好奇心的。除了吃奶，便对外部世界进行观察。爸爸妈妈的衣（毛发）食住行，它们都和谁在一起生活，家庭中有几个成员，邻家有没有和自己同龄的小朋友等，都是它的观察内容。

观察清楚了，找邻居家的小朋友们玩耍，是滇金丝猴成长过程的重要行为。在玩耍的过程中，婴猴不仅愉悦了身心，还学习了技能。正是这种看似泼皮游戏，却为以后的争夺主雄积累了经验。婴猴三个月到半岁时，也是一生中最危险的时刻，好奇心驱使它们不断地尝试新事物，这时期由于大脑的发育还不完全，手和脚都还不太听使唤，往往会带来一些风险，但它们不会浅尝辄止，而是反复尝试。这时，便需要妈妈精心地守候，时刻保护着婴猴的安全。

随着婴猴独立爬树，抢食、摘树叶等行为的出现及以前不断地观察学习，都为它今后更高超的行动，奠定了基础。在多次的"试错学习"中，婴猴会积累经验，最终使自身的各种行为接近成熟。这个过程，一般需要三年时间，这也是灵长类动物的普遍特征之一。

童年的游戏，不光是获得快乐，也是在增长生存技能。在树上行走跳跃，是滇金丝猴最常见的行为动作。小婴猴最喜欢与同龄伙伴在树上玩耍，展示它们跳跃的功夫、行走的本事。它们或是相拥、嬉戏，或是捉迷藏、跳高、跳远，或是捉住对方的尾巴当秋千游荡，有趣的是它们会揪住小伙伴的耳朵当玩具；有甚者会直接骑上小伙伴的脖子，不甘受"辱"的小伙伴，干脆来个倒空翻，两个小家伙同时成了"空中飞猴"。这些童真表演，不仅旁观者忍俊不禁，连它们自己也时常"笑"得前俯后仰。

◉ 荡秋千

◉ 学习爬跨

◉ 嬉闹

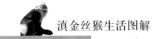

● 采食树的嫩芽

跟踪研究滇金丝猴的科考人员，有时会遭遇与外界失去联系、水尽粮绝的日子。这时，他们要和滇金丝猴一样，采食原始森林里的植物、菌类度命。然而，这些植物和菌类不是所有人都认识的，为防中毒，他们不敢随意采食。这时唯一的办法，就是向滇金丝猴学习采食。为了确保一定的口感，科考人员向低幼年龄段的猴子学采食，因为这个年龄的猴子吃的东西都比较细嫩，口感也还好。

● 采食菝葜

● 秋天的杜鹃林，仍是滇金丝猴喜爱的场所

● 采食四照花果（又名山荔枝）

灵长类动物适应环境的能力相对较慢。婴猴从出生到完全自立，至少需要三年。这一过程除了自己先天所具有的遗传功能发挥作用外，就是后天的学习。在学习过程中，有成功，也有失败。在成功与失败中不断地成长，最终达到成熟。

● 半岁的婴猴开始学习攀爬跳跃

　　滇金丝猴小伙伴之间的疯狂打闹往往会伤了"和气"，事后，它们会找一个好的办法来"修复"相互的关系。握手言和是它们常用的一种方式。

● 嬉戏玩耍的幼年滇金丝猴

● 误将松塔当松萝

　　松萝是成年滇金丝猴的主食。看到父母吃松萝，婴猴也会好奇地抢过来，也要到树上去摘，还要学着父母的样子填到嘴里，嚼几下，觉得又干又硬，原来它摘的不是松萝，而是松塔。经过反复尝试，便知道哪些食物好吃，哪些食物不好吃了。这种"试错学习"是滇金丝猴成长中所必须经历的。

● 采食树叶

松萝是滇金丝猴的主食，无论是从环境所赋予滇金丝猴有限的资源方面看，还是从松萝的营养价值来说，既是大自然的恩赐，也是它们祖先的选择。因此，婴猴们会在爸爸妈妈的引导、示范下，多次地尝试。直到有一天，它们不仅适应了这种食物，还觉得津津有味时，它们才有资格和能力真正成为滇金丝猴种群中的一员。

学会选择食物，是婴猴在向幼猴和亚成体过渡时所必须经历的过程。学习对食物的选择时，它们除了向家庭中的长辈和同辈中的哥哥姐姐们学习外，还有就是要自己尝试。一种食物好吃不好吃，自己尝试了才会知道。

● 试吃地衣

● 杜鹃林，滇金丝猴最喜欢栖息的地方

大白花杜鹃是滇金丝猴们喜欢采食的，虽然味道不是太好，但有杀虫作用，是身体所需要的

婴猴们也许对有色彩的东西特别喜欢，每到杜鹃开花的日子，它们最爱到杜鹃树上藏匿、玩耍。一般情况下，婴猴不会吃杜鹃花，但也有的婴猴好奇，摘取几片杜鹃花喂进嘴里，嚼几下便马上吐了出来，还发出“呸、呸”声音。其实杜鹃花虽然貌美，味道却是苦的。

滇金丝猴栖息在深山老林里，婴猴一出生，看到的除了同类，便是森林，对于异族，它们既害怕又非常感兴趣。当牛群进入了滇金丝猴的领地时，猴群中有趣的一幕发生了——母猴发出的是恐吓式的叫声，主雄一副随时准备战斗的姿态。

● 小婴猴吓得紧紧抱住妈妈

这两只婴猴是同父异母的兄弟，仔细看能发现它们嘴唇上的差异。因此一只被取名"龟田"，另一只被取名为"山本"

　　滇金丝猴总是用那萌动的好奇的眼神打量着这个世界，如果不仔细观察，觉得它们都是一个模样，仔细观察后，还是看到了细微的差别。人辨别动物主要是靠眼睛，而动物则比人高一招，它们更多的是靠气味来分辨。婴猴辨认母亲，当然也是靠了这个本能。

滇金丝猴和人类一样，也讲究"夫妻之道"。在它们的伦理中，倡导——

夫唱妇随

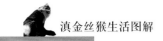

滇金丝猴种群中的家庭有强有弱。一般较弱的家庭栖息在社群的边缘地带，不敢向群体的中心地带靠拢。

主雄是弱者，妻子再强也只能跟着示弱，这与人类的"夫贵妻荣"、"夫贱妻卑"倒有几分相似。

躲藏在边缘地带的弱势家庭

父亲权力与母系特点在这个家庭中都得以体现

在滇金丝猴家庭中，父亲有绝对权力，家庭中的父亲（即主雄）是权力至高无上的。雌性滇金丝猴及其子女一旦认可了这个主雄，尊其为"家长"，便绝对服从。从这一点来看，滇金丝猴家庭传承的是父系社会制度。然而，在有多只雌猴的家庭中，尤其是雌性间都有血缘关系的家庭，又秉承了母系社会的特点。

● 主雄为主雌理毛

理毛，是滇金丝猴个体间情感交流的常见形式，同时也能表现出雌猴在家庭中的地位。通常情况下，都是雌猴为主雄理毛，而在众妻妾中，只有主雌为主雄理毛的频次最多，并且梳理的都是"关键"部位。副雌或是更低一级的"妾"，也会和主雄的妻子（主雌）同时为主雄理毛，但大多理的是边角部位，如主雄的尾巴、四肢等。主雄为雌猴理毛，在一般家庭中并不多见，出现主雄为妻妾理毛时，多为主雄到了暮年或是出现了"夫妻感情危机"，这时，主雄要努力讨好雌猴。

● 主雌为主雄理毛

● 高龄产仔的老夫妻

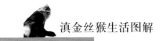

　　在妻妾有血缘关系的大家庭中，主雌会利用自己的血缘亲情，来平衡雌性们与主雄之间的关系，甚至会制造一些机会让次雌们与主雄接近并完成交配。这样的家庭，主雌发挥着重要的组织作用。同时，这样的家庭也温馨和睦，"猴丁"兴旺。

● 和睦家庭

● 老夫少妻的家庭，主雄（右）对妻子会更加体贴

　　当然，一个智慧的主雄，会将交配权平衡分配，来维系一夫多妻制家庭的和睦。年轻的母猴会常常黏着主雄。滇金丝猴家庭与人类的家庭一样，当家的光有体力是无法维系的。一般有智慧的主雄，都不采用武力方式解决家庭内部矛盾。但也有靠暴力和淫威来控制雌性的，这种模式一般是没有生活经验、初为"家长"的主雄，这种控制时间也不会太长。一个成功的主雄，必须在生活中不断积累经验，掌握管理自己家庭和其他家庭相处的能力，这样，既能得到妻妾们的认可，也好与邻居相处。

滇金丝猴是中国特有物种，栖息在澜沧江与金沙江的夹角地带，气候多变，生存环境恶劣，但这里的植物却非常丰富，也许正是这里的风花雪月，造就了它们的天生浪漫——

风情万种

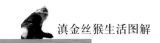

云南，可称得上是中国最浪漫的地方，无论是大理的上关风、下关花、苍山雪、洱海月，还是德钦境内白马奔驰一样的雪山、维西响古箐细若游丝的山涧瀑布，或是巴珠山谷里那些象征爱情的万顷红玫瑰，仅滇金丝猴身边原始森林高大树木上、林间草地中的各种奇花异草，都给生活在这里的红唇精灵——滇金丝猴增添了无尽的风花雪月，造就了滇金丝猴这个风情万种的物种。

滇金丝猴与人类同为灵长目物种。灵长类动物的色觉比较发达，它们喜爱色彩，辨认颜色的能力与人类接近。发达的色觉，让滇金丝猴的生活更加丰富多彩。

白马雪山是一个色彩的摇篮，多姿的世界。生活在这里的滇金丝猴，一年当中至少有八个月在鲜花的陪伴下成长。

每年"立春"过后，滇金丝猴的婴猴出生。一来到这个世界上，它们就能呼吸到花的气息。幼仔们喜欢藏匿在小叶杜鹃中嬉戏玩耍；进入青春期的滇金丝猴，更喜欢在露珠杜鹃林里憧憬爱情。滇金丝猴的一生，是多姿多彩的一生。

滇金丝猴固守的是"一夫多妻"的婚姻习俗，在主雄——家长负责制的家庭中生活。在妻妾成群的家庭成员中，家长（主雄）对妻（主雌）倾注的感情最多。日常生活中，不论有多少妾，主雄从来都是体贴呵护主雌，主雄和主雌之间的情感，可用相濡以沫、日夜厮守来形容。

● 等待主雄的到来

主雄与主雌，或者说丈夫与妻子，从来都是出双入对、耳鬓厮磨。而作为家庭中另外一些雌性，也可称之为副雌或是"妾"，则不能享受做妻子的待遇，它们要与主雄及主雌保持一个相对的距离。主雄与妻子的情爱，可在相互间的抚慰、理毛、依偎、交配中体现，在平时的取食、迁移中相互间也是默契配合。

主雌的地位具有延续性，一位主雌一生可陪伴四至五位主雄，在主雄的更替中，主雌的地位能够延续到下一任。面对不同的夫君，主雌不断享受新婚的幸福。主雄与主雌的恩爱，多会引起家庭中妾位成员的羡慕，小妾们也渴望与主雄接近，获得主雄的"宠幸"。为了接近主雄，它们也不得不向主雌示好，为其理毛，从而慢慢接近主雄，一旦时机成熟，便向主雄发出邀配的信号，在稍稍避开主雌的视线后，便伏身翘臀，表达交配意愿。有时，主雄对妾们的这些邀请或视而不见，或不为所动，这时，小妾要想出更能吸引主雄的办法，主动将交配的地点改在主雄的必经之路上，或是摆尾弄姿，或是低声俏语，来吸引主雄。有时，妾位成员的这些行为要重复许多次，也不一定会得到主雄的青睐。

滇金丝猴形成的社会伦理规定：女儿可以一直待在母亲身边。女儿长大了，到了谈婚论嫁的时候，女儿的父亲（家庭中的主雄）就要离开这个家庭，成为母亲的前夫。母亲会与另一位主雄组成家庭，这时，女儿便可与母亲共侍一夫。除了本性使然，女儿还可向母亲学习很多与主雄相处的技巧，获得主雄更多的爱护。如果这个家庭的主雌是母亲，刚刚成为副雌（妾）的女儿，不会招致主雌的妒忌，相反，母亲还会为女儿制造一些与主雄亲近的机会。如果母女投缘，它们在一起相处的时间会更长，有的甚至可以相处到母亲故去。

雌性滇金丝猴到了青春期，随着体内荷尔蒙的增加，生理上的变化会作用于心理并付诸行动。这些青春期"少女"们，会使出一些招数吸引异性的眼球。特别是平时在与猴群中雄性成员会面时，它们也会用特有的方式向雄猴"暗送秋波"。有时会在

● 发出邀配信号

一些显眼的地方摆出各种姿势，发出特殊的叫声，传递爱的信号，引起雄猴的注意。

这些青春期的雌猴们发出的信息，如果被全雄家庭中某个雄性有情者铭记，在眉来眼去的瞬间，也许就订下了终身。当然，要想获得真正的婚姻，却不是一件容易的事。这位雄猴要挑战主雄，要在竞争中取胜。在这个过程中，付出的代价是高昂的，有时也会因此丧了命。不管竞争多么惨烈，那些雌性的眉目传情，便是未婚雄性竞争主雄的巨大动力。一旦竞争成功，新主雄不仅赢得了雌性的芳心，还能在几年时间里与心仪的雌性相依相伴，组成自己的家庭。

与雌性滇金丝猴相比，雄性滇金丝猴青春期的到来会晚一些，通常情况下在七至八岁。这些进入青春期的雄猴，是不准光顾别个家庭的，它们只能固守在全雄家庭中。也许单身汉的家庭生活太过无聊，它们有时也会蠢蠢欲动，偷窥别家的夫妻

● 遭淘汰的主雄（右）与
全雄成员相互慰藉

生活。这种偷窥，往往会遭到别家主雄的暴打。也许是为了自身安全，或是遵守老祖宗的规矩，这些雄性也会在同性中做一些亲昵的动作，有这种行为的多是亚成体，更多的是模仿、体验一把做主雄的愉悦，也是雄性滇金丝猴展现主雄欲望的一种表现形式。

当然，成年雄性之间也有同性性行为的，特别是曾经的主雄被淘汰后，长时间待在全雄家庭，百无聊赖中，会和同性相互慰藉。

滇金丝猴种群中全雄家庭的成员是所有主雄的情敌，主雄们无时无刻不对这些"备胎"们警惕有加。然而，这些进入青春期的雄性，面对各种警告与恐怖，仍然储备体能，储存智慧，伺机发起攻击。因为，传递基因是每一个雄性滇金丝猴的天职，没有哪一个雄性不觊觎主雄之位的。只是这些雄性在获得主雄之位前，必须待在全雄家庭中"暂且栖身"。

在全雄家庭中，单身汉们平时相互练习一下打斗技巧，更多的是等待时机。

● 发出邀配信号，等待心仪对象到来

　　在风月场上，雌性滇金丝猴倒是更洒脱、更随意一些。但这种偷情行为，多是发生在"少女猴"或是家庭中的"妾位成员"身上。按照滇金丝猴的伦理，这些"少女猴"和某个雄猴两相情愿，却也不敢公开地调风弄月，只能暗度陈仓，交配成功的可能性极小。因为，主雄之位是靠武力加智慧而取得的，多数雌猴又是随母婚嫁，不是一个有情一个有意便可成婚的。

　　那些尚未婚配的雄性滇金丝猴，通常被称为小雄猴。小雄猴到了青春期，生理上的成熟也催熟了心理上的欲望。它们看到身边的主雄和妻妾们交欢厮磨的场景，便留下了深刻记忆，有机会时，也跃跃欲试。在猴群里，当家庭的主雄临时离开时，也会有小雄猴来到雌猴身边，此时若再遇上那些心有灵犀的雌猴主动默许，发出邀配信号，小雄猴自然不肯错失良机。但要是被主雄当场"捉奸"，小雄猴有可能为此丢了性命。尽管如此，猴群里的苟且之事，还是时有发生。

　　滇金丝猴生活在海拔三千米以上的地区，具有较强的抗寒能力。表面上看，有着黑、灰、白相间的体毛，其实靠近皮肤还有一层细细的绒毛，保持着体内的温度。滇金丝猴不怕冷，下雪天是它们的最爱。迎着漫天大雪，寻找心仪的另一半。雪，给滇金丝猴的生活增添了许多浪漫色彩。

◉ 雪中眺望

滇金丝猴婴猴期就喜欢藏匿于花团锦簇的小叶杜鹃中嬉戏打闹；亚成体爱在杜鹃林里憧憬未来；"少男少女"情窦初开，更喜欢在开着大白花的杜鹃丛中，或在开满花的树冠上，翘首未来的"妃子"与"君主"；做了母亲的滇金丝猴也不例外，仍然喜欢在花丛中栖息。

● 花中取食

● 等待

● 向往

● 渴望

● 弄姿

　　搔首弄姿、卖弄风情，是滇金丝猴走向成年的必然过程，也是它们在成长过程中的特有行为。随着激素水平在体内的上升，它们会将童真童趣和好奇心转化为对婚姻生活的渴望，以展示妩媚、展现各种平时不常见的身姿，来招引异性的关注。也许是受"少男少女"们的影响，已经成为副雌（妾）的"少妇"们，有时也会做出这样的举动。

● 未婚前的"少女"猴，会经常登高远眺，渴望
　心中的"白马王子"早日出现

● 期待

　　滇金丝猴的"少男少女"们，偷偷约会也是有的，遇到环境及条件允许时，它们也会寻找时机进行交配。

◎ 等待之中

◎ 发出邀配信号

◎ 同性学习"偷食禁果"

◎ 交配

婚内交配，通常是雌猴先为主雄理毛，交流情感，到了一定程度，由雌猴在离主雄两米至十五米视线内，或在树上，或在地面，趴在一个比较稳定的位置，翘臀回首，邀请主雄与之交配。如果是非婚（偷情，情况很少）交配，则是通过相互观察、眼神传递，心有灵犀后，迅速完成。

　　灵长类动物色彩觉比较发达这一观点，在滇金丝猴身上得到充分验证。滇金丝猴喜欢色彩缤纷的世界，一年当中，它们至少有半年的时间在有花世界中生活。

　　喜欢鲜花，倾心芬芳，不只是雌猴的专利，小雄猴和"少女"猴们一样，是色彩与芳香的享用者。色彩不仅让它们获得感官上的享受，还能促进荷尔蒙分泌。

● 望着花朵出神，是滇
金丝猴常见的行为

　　滇金丝猴的一生，有很长时间是在色彩的世界里、花的海洋中，成长、婚嫁、繁育后代。它们的一生，不仅有鲜花陪伴，还有秋色的滋润。也许，正是这春天的妩媚与秋天的绚丽造就了它们的灵动与浪漫。

● 用各种姿态来吸引异性，从而获得关注

　　雄性滇金丝猴的青春期相对会晚一些到来，通常情况下为七至八岁。大约在四到五岁时，这些还处于懵懂时期的半大"小伙子"便被家庭中的主雄驱逐到全雄（单身汉）家庭中生活。

　　进入青春期的雄猴，除了"全雄"家庭，是不准进入别个家庭的，甚至有时的偷窥也会遭到主雄的暴打，因为它们是所有家庭中主雄的"情敌"，但这些单身汉没有哪一个不觊觎主雄之位的。它们虽然待在大群中的"全雄"家庭中，可却是"身在曹营，暂且栖身"，每个雄猴心中都有一个主雄梦。

刚刚步入青春期的小雄猴总是精神抖擞——用矫健的身姿在林间飞跃，用敏锐的眼神洞察社会上所发生的一切，为日后的承接"大任"储备力量

● 洞察

也许是遭淘汰后心理上不平衡，老雄猴竟然帮着小雄猴抢"媳妇"。抢来了雌猴，又怕小雄猴守不住"媳妇"，老雄猴一直帮着小雄猴看守着。两个成年雄猴与一只雌猴在一起的画面极其罕见，因为，这不符合滇金丝猴的领域行为。这种情况还是发生后，引起观察人员的极大兴趣。经过观察发现，直到小雌猴认可了这个"夫君"，主动向小雄猴发出"邀配"，老雄猴才恹恹地离去。后经进一步观察得知，小雄猴为了提防老雄猴再接近自已的"媳妇"，与老雄猴反目为仇。最后，老雄猴悻悻地离开了这个猴群。"卸磨杀驴"、"过河拆桥"的事不仅人类社会时有发生，在动物界也会上演。

● 老雄猴（左），小雄猴（右），被抢来的小雌猴（中）

等待婚姻的"少女"雌猴，随着体内激素水平的提高，会出现一些行为上的变化。这时，它们会在一些显眼的地方，摆出各种姿势，发出特殊的叫声，传递爱的信号，引起雄猴的注意。

　　玩耍、打斗，是滇金丝猴成长过程的必然行为，也是学当主雄的学习过程。通过这一系列看似泼皮的打闹，其实是为将来争夺主雄位置积累经验。今天，彼此亲密无间，明天就可能为生殖资源的争夺打得你死我活，血肉横飞。

　　从小是兄弟，长大是"情敌"，是滇金丝猴雄猴的特有属性之一。亚成体期间是滇金丝猴一生中最快乐的时段。它们生活在仝雄家庭中，虽说全雄家庭在大种群中地位相对较低，但它们自由的秉性得以释放，生活上无忧无虑，每天都沉浸在快乐中。

　　露珠杜鹃是滇金丝猴们喜爱的树种，它们喜欢在这些高大的树木上玩耍、嬉戏，幼猴或是亚成猴根据体内需求会摘取杜鹃花品尝。杜鹃花虽然味道微苦还酸，它们还是会将花瓣摘下食用。

● 小雄猴（右）抓住"断手"的残臂，奋力厮打

　　在云南白马雪山国家级自然保护区内，一个叫响古箐的滇金丝猴大种群里，有一只失去右手臂的残疾猴，人称"断手"。"断手"凭着自己的勇敢与智慧，最终在"家长"竞争中取胜，建立了自己的家庭，成为这个家庭的主雄。残疾猴成为主雄，令其他雄猴对其刮目相看，敬慕有加，也有的雄猴对此很不服气。残疾猴自己成了主雄后却是脾气大长，对自己的妻妾严加管束。一日，一只未婚的小雄猴招惹了残疾猴家庭中的小妾，残疾猴立即冲上去，对着小雄猴又是打又是咬，直到小雄猴败下阵来，告饶逃跑。

◎ 久经沙场的"断手"
暴打惹事的小雄猴

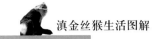

● 蓄势待发的
未来主雄

　　"家长"轮换淘汰制，是滇金丝猴的繁殖策略之一。轮换淘汰制不等于轮班上位。在轮换的过程中，采用的是"竞争上岗"机制。而且这种竞争过程非常惨烈，发起挑战的一方风险极大，往往为此丢掉性命。如果在发起挑战后不能取胜，挑战者即使无性命之忧，也会大伤元气，有的甚至不能面对被挑战者，无法在这个种群生存下去。因此，雄猴的平均寿命要比雌猴的平均寿命短五至八年，婴猴出生的雄雌比例大约为三比一。尽管如此，雄猴仍然是猴群的主宰者。一个大种群是否健康兴旺，种群中每个家庭是否快乐幸福，与雄猴的管理息息相关。年轻雄猴越多，体质越好，越有智谋，这个种群就越兴旺。因此，雄猴是种群的未来与希望。

滇金丝猴虽属群居式社会性动物，但又以家庭为单位，各守一方天地。由于有着独特的伦理原则，它们的生活简单而有序，看上去像是个——

温馨社会

滇金丝猴是典型的社会性动物，无论是它们以种群为单位的居住方式，还是以家庭为单元的结构，或者一夫多妻的婚姻制度，守土有则的领域行为，都具有社会性动物的显著特征。

滇金丝猴不仅是我国的特有物种，还是世界级濒危物种。由于我国对滇金丝猴的研究起步比较晚，对滇金丝猴生存的历史、发展沿革都还知之甚少。根据与滇金丝猴接触较多的猎人口述，滇金丝猴不仅是黑熊、豹猫、云豹、金猫、金雕等食肉性动物的捕猎物种，还曾经是傈僳族人的狩猎对象。根据动物社群生活的特点，滇金丝猴的社群结构应该与食物及捕食者有

关。一个和谐的群体，在躲避、抵御天敌，迷惑捕食者，抚育幼婴和寻找食物等方面，都有着得天独厚的优势。

近些年，猛禽、猛兽的生存日益艰难，数量急剧下降，它们对滇金丝猴的威胁也大大下降，但人为因素的威胁不仅依然存在，且与日俱增。虽然我们国家实行全民禁枪，加大了对野生动物保护的力度，公开狩猎滇金丝猴的人少了，但暗中下猎捕套的、投毒的、下夹子的，仍然威胁着滇金丝猴的生存安全。对滇金丝猴最大的威胁，还是它们的生存环境不够安全。各种经济开发，导致栖息地的破碎化，滇金丝猴的家园成了一个又

● 妻妾成群的滇金丝猴家庭中，当主雄外出时，主雌便是家庭中的临时掌权者；副雌（妾）们都要围绕在主雌（图中抱婴猴者）身边，听候指令

● 两只雌猴养育一只婴猴时，未生育的雌猴甘当助养"妈妈"

● 三只雌猴养育两只婴猴，这在一夫多妻家庭中很常见，每年这样的大家
庭中都会有一只雌猴放弃生育，来充当"保姆"

一个相互间无法逾越的孤岛，分布范围不断缩小，导致基因交流受阻，近亲繁殖的危险性加剧，这些有违滇金丝猴伦理、婚姻制度的外部因素，都将制约滇金丝猴种群的发展与壮大。

除了外部因素，两胎之间间隔时间长、出生率低、婴猴易夭折、成长速度慢等，都是滇金丝猴种群不能在短时间内迅速壮大的因素。这些因素说明，滇金丝猴一旦濒临灭绝，种群恢复会非常难。因此，保护滇金丝猴种群发展便显得尤为重要。此外，滇金丝猴生存的环境比较特殊，还受气候、食物等因素的制约。当然，条件允许时，它们自己也会做一些内部的调控。比如，在食物短缺的时候，群内首先满足主雌的生育，其他母猴的生育则往后排。在食物不受限的年景，它们也会抓紧时间，抓住机会生育繁衍。

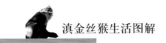

滇金丝猴群对婴猴的抚育有着独特的方式。这个"日日山中行，夜夜不相同"、具有"跑着吃"习性的物种，平均每天行走的距离在三万米以上。有一天它们会忽然停下匆匆的脚步，在一个相对隐蔽且背风的地方"安营扎寨"，猴群中也出奇的安静——原来这是有"产妇"要生产了。滇金丝猴群中只要是有婴猴出生的这几天，为了母婴安全，猴群都不会长途迁徙。过去有研究者及有关文献记载，滇金丝猴的生殖为隔年一胎或是多年一胎。2014年，在白马雪山滇金丝猴国家级自然保护区响古箐滇金丝猴群中，首次发现一只雌猴连年生产婴猴，到2016年5月，它已经三年连续生产。2017年2月还发现，在多雌性成员家庭中，只要有一只"产妇"生产，便有多只雌猴前来助产。婴猴产出后，雌猴们主动来分享做母亲的喜悦，争相抢着去抱婴猴，个个充当阿姨角色。此外，滇金丝猴在生产、抚育时，经常出现"以老带新"模式，即"经产妇"帮助"初产妇"，有经验的母亲帮没有抚育经验的妈妈代管婴猴，这样，家庭中婴猴的成活率也有了提高。

● 这是一只高产的母亲（后），去年生下女儿（中），今年又生下儿子（前），这种现象在滇金丝猴中很少见

滇金丝猴大种群内，每个家庭各占一方，每个家庭都有不同的家庭氛围。家庭中的主雄（家长）也各不相同，有的家长威严暴戾，有的家长宅心仁厚，有的家长绅士儒雅，有的家长活泼开朗。家长的情绪，直接影响家庭中其他成员。

滇金丝猴种群壮大的另一个原因，与每个家庭的和谐及种群中的和谐有关。人类有句常说的话"家和万事兴"，对滇金丝猴家庭而言，也是一样的道理。滇金丝猴群很少为生活资源的争夺而大打出手，却多是为生殖资源而打得你死我活。争夺生殖资源是有季节性的，而且多发生在雌猴的发情期。这种争夺结束后，如果食宿无忧，没有烦事挂心头，那便是生活中最好的时节了。它们会在快乐中生活，在愉悦中取食、梳理毛发、交流感情、求偶交配、孕育生命、抚育后代等，按部就班地完成属于滇金丝猴自己的"婚恋生子"和"柴米油盐"。这是滇金丝猴种群祥和、家庭和睦的标志。

● 快乐的单身汉

● 云南白马雪山国家级自然
　保护区响古箐滇金丝猴种
　群冬季生境

• 副雌为主雌理毛

　　滇金丝猴雌性之间理毛，不是一种简单的利他行为，其间有着非常复杂的情感因素。雌性之间有血缘关系的是一种，它们之间有的是母女，有的是姐妹，还有的是祖孙，这种理毛极其常见。另外一种，它们之间没有任何血缘关系，纯粹是一种互利互惠，交换式帮助理毛。还有一种，是家庭中地位低的副雌为家庭中地位高的主雌理毛，这种情况有时是副雌想接近主雄而讨好主雌；有时则是副雌获得了主雄的"宠幸"后，来感激主雌或是安慰主雌。

● 滇金丝猴从出生到长成亚成体，要在妈妈的身上生活两年之久。这期间，妈妈若是没有再生育，它们在妈妈身上度过的时间会更长

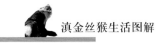

●一夫一妻一妾一子，四口之家

　　食物短缺的年份或家庭内部要调控生育时，首先要满足主雌生育，副雌的生育要往后排，在这一年份，身为妾位（也是女儿，右二）的副雌，自然是妈妈（主雌，左一）的好帮手、弟弟的"知心姐姐"。

滇金丝猴家庭成员间等级森严，无论进食还是喝水，首先是主雄先来，然后是它的妻子（主雌），再接下来才是副雌和子女们。

母亲喝水，孩子在一旁等待。母亲喝完了，孩子才能喝

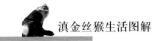

在滇金丝猴家庭中，主雄抱婴猴的时候非常少见。图中这个家庭比较特殊，主雄经常帮着猴妈妈抱婴猴。原来，这家的主雄是只残疾猴。前些年，在竞争家长过程中，挑战者将它的两个妾抢走，这位残疾主雄只剩下了妻子与其相伴相守。它对妻子疼爱有加，对自己的子女也备加爱护。根据年龄推算，这位残疾主雄很有可能在这个家庭中当主雄是最后一年，图中这个婴猴有可能是它的最后一个孩子。

● 对妻子和孩子爱护有加的主雄（右）

妈妈还青春年少，与前夫所生的女儿已经到了谈婚论嫁的年纪，按照滇金丝猴的伦理，女儿可随妈妈嫁给与自己没有血缘关系的继父，也可在下一轮主雄更替时，寻找自己另一半。

● 年少的母亲与到了婚配期的女儿

　　一妻一妾一子的四口之家很幸福，也得来不易。有的是主雄上位后，只得到上一任家庭中的两只雌猴；有的是当主雄期间曾经妻妾成群，被其他主雄掠走部分雌猴后而成了三口或四口之家。

　　这个四口之家的两只雌猴是一对姐妹，都已经不年轻了；主雄也到"花甲"之年，家庭面临挑战与考验。姐姐是主雌，但已经几年没有生育；妹妹（左一）是妾位，对主雌（右二）还是照顾有加。姐姐也时常帮助妹妹带婴猴，一家四口，也还其乐融融。

　　滇金丝猴种群中的"全雄"家庭是个特殊的单元，这是全部为"单身汉"的家庭，"单身汉"家庭在整个猴群中地位最低。然而，这些"单身汉"又是所有主雄的"备胎"，是种群中的后备力量，它们随时可能挑战各家庭中主雄之位，成为新的主雄。因此，它们也是各个现任主雄的"眼中钉"、"肉中刺"。

●单身汉家庭（全雄家庭中）也有家长，一般由退役的主雄——老雄猴（右上）
　来担任，老雄猴与年轻雄猴在一起，也会传授一些技巧给它们

滇金丝猴家庭成员相处，也有特殊情况特殊对待的时候。

这个六口之家，主雌是中间怀抱婴猴的雌猴，它还是副雌（在它前面，与主雄靠近的这位）的母亲。按照滇金丝猴的栖息原则，只有主雌才可与主雄贴身相处，这个主雌为什么退到后面的位置呢？原来这个副雌快生产了，母亲甘愿"退居二线"，让自己的女儿得到主雄的更多关爱。

雪儿诞生

01 ● 2017 年 2 月 24 日，白马雪山依然冰雪覆盖。这只大雄猴——即将升级当爸爸的主雄，对护林员投来的花生，没什么胃口，不断回头张望它的妻妾

02 ● 这只小母猴——准妈妈却是胃口大增，吃完花生，还要再吃大量的松萝，它要抓紧补充体力，这样才有力气分娩

03 ● 待产过程是漫长的，尽管胎动非常明显。从早晨就出现临产征兆，可到了中午，胎儿却是迟迟不肯出世，小母猴急得直抓头皮

06 ● 大雄猴侦察完毕，开始警戒。很快，"产妇"在一群母猴的簇拥下来到大雄猴身边。母猴们搭起临时产房，将"产妇"围在中间，为其助产。小猴们上蹿下跳地在看热闹

05 ● 14 时 20 分，大雄猴——"家长"的警戒升级了，这意味着"产妇"腹中的胎儿即将临盆，生产时间已经临近

04 ● 大雄猴看到"产妇"着急的样子，赶过来用理毛的方式安慰它

07 ● 15 时 06 分，小母猴成功分娩。婴猴刚刚出了娘胎，另一只母猴便立即将它抱起，连在小婴猴肚皮上的脐带、胎盘一并脱出，鲜红可见。刚刚生完宝宝的"产妇"，呆坐在树上，眼睁睁地看着猴宝宝被抱走

12 ● 好有福的猴宝宝，刚一出生，便在其乐融融的大家庭中享受温暖，它就是幸福的"雪儿"

08 ● 分享做母亲的喜悦，是雌性滇金丝猴的常见行为。未曾生育过的母猴，尤其喜欢帮助其他猴妈妈抚育婴猴。这种行为既"利他"，也利于自己学习做妈妈

11 ● 猴爸爸陪在猴妈妈身边一会儿后离开，但很快又回来了。原来是给猴妈妈寻食物去了。它采来了一把松萝，直接喂到猴妈妈的嘴边，好像在说："亲爱的，辛苦了，快吃点！"

09 ● 猴妈妈咬断了脐带和连在猴宝宝身上的胎盘

10 ● 争抱猴宝宝，两只雌猴产生争端，猴爸爸赶来调解，并将"宝宝"归还它的母亲

● 女儿（中）快有妈妈大了，弟弟也已经出生了，
可它还是不想离开妈妈的怀抱

◎ 全雄家庭中的"单身汉"

◎ 嬉闹中学习打斗技巧

● 单独睡眠的雌性个体在家庭中的地位最低，它不仅要独自承受风寒，遭受天敌威胁的风险也相对更大

　　滇金丝猴的睡眠时间一般每天 8 ～ 12 个小时。日出而作，日落而息，是它们生活最真实的写照。午睡时间一般要达 2 ～ 4 个小时，这期间，可以从它们栖息的位置以及与主雄相互间亲密的程度看出亲情、友情和雌性的等级。紧紧挨着主雄的是它的妻子——主雌，主雌身旁的是与主雌有血缘关系或是友情比较近的副雌。家庭成员挤在一起睡眠，既可相互取暖交流感情，也可抵御天敌。

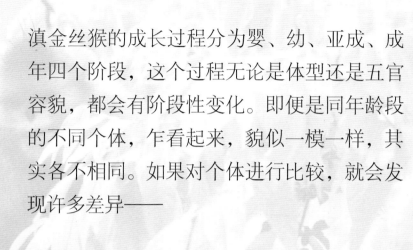

滇金丝猴的成长过程分为婴、幼、亚成、成年四个阶段，这个过程无论是体型还是五官容貌，都会有阶段性变化。即便是同年龄段的不同个体，乍看起来，貌似一模一样，其实各不相同。如果对个体进行比较，就会发现许多差异——

滇猴写真

● 刚刚生育过的母猴面部有些苍白

　　滇金丝猴的毛发为黑、白、灰色相间。它还具有玫瑰红色的嘴唇。面部肤色也有差异，有的纯白色，有的泛红，有的浅红，有的微红，还有的白里透红。通过现代科学手段——生物分子学的研究，确认它们是与人类相像度最高的灵长类之一。

◦ 青春期的母猴

● 小雄猴的眼神很犀利

　　如果用肉眼在运动中观察，很难区分个体间的不同。但借助相机上的长焦镜头所拍得的清晰图片，进行比较，个体间相貌上的差异就很容易发现。这些差异更多地体现在鼻子、嘴唇的颜色，脸上的毛发及肤色上。发型特点，毛发的浓密与稀疏，个体大小等也都会有一些差异。通过观察这种个体差异，还能判断出滇金丝猴大致的年龄、种群性别比例和年龄结构等。

　　正值盛年的雄猴，体态宽盈，四肢粗壮，臀部肥大；青年时期的雄猴身材纤细，四肢颀长，修身干练；步入老年的滇金丝猴则是体态肥硕，颈项短粗，步伐迟钝；还有一类雄猴，它们体型壮实而不肥硕，四肢有力但长短适宜，头脑丰盈但不呆板，这样的雄猴，大多是主雄的后备军。

◉ 未曾婚配的雄猴身材纤细步伐灵活

◉ 刚当主雄时四肢修长动作轻盈

◉ 盛年之躯体态宽盈四肢粗壮

◉ 进入老年身宽体胖略显龙钟

●半岁

●1岁

●2岁

●亚成年

●青年

●盛年

青春期雄性滇金丝猴面部白里透红，真是面如桃花；盛年过后，红色会慢慢褪去，出现蓝白色；到了晚年，面部会呈青白色。这个变化过程也是滇金丝猴从青春年少走向年迈衰老的标志。

雄性滇金丝猴年龄越大，脸上的红色就越少，嘴唇的颜色也会随着脸上颜色的变化而变化。

步入老年而身虚体弱的滇金丝猴，面部的颜色逐渐变成寡白色或是惨白色，这是垂暮之年的标志。

● 雄猴盛年期

● 雌猴青年期

● 雄猴青年期

● 雌猴壮年期

● 雄猴老年期

● 雌猴老年期

滇金丝猴雄猴的发冠都比较大，发丝茂密，发色黑亮，怒发冲冠般竖立着，这是主雄权力与威严的象征。青春年少的滇金丝猴发冠上的发丝还不够粗壮，但很黑很亮；盛年时，发丝粗壮挺直，有种直冲云霄的感觉；老年时，毛发变得稀疏，发丝开始弯曲，逐渐往下塌。滇金丝猴这种发型与发丝的变化，印证着其健康程度与体内的激素水平的变化。

● 步入成年的雄猴，面容姣好，眉清目秀

◎ 青年主雄，发丝还不够粗壮

　　冠状发型是滇金丝猴独有的特点，这是无论多高级别的美发师都无法打造的。一撮生于头顶且桀骜不驯的黑发，四面向中央拱搭，形成了一个倒置的陀螺，岿然不动地盘踞在头顶的正中央。这发型，不仅展示了美观、发型的形状、发质的优劣，更是雄猴体魄与健康的标志。

● 老年主雄，毛发略显干枯，发丝蔫塌

雄性滇金丝猴在成长期，特别是在竞争主雄的过程中，多数都受过伤，其面部大多会留下伤疤印记。记住这些特征，也是鉴别滇金丝猴的有效方法。

● 白马雪山国家级自然保护区滇金丝猴栖息地秋色

●九只雌性滇金丝猴，乍看极其
相似，细看各不相同

　　人类对动物的研究，首先是对个体的辨认。除了靠体型、容貌上细微差别进行辨认外，如果有条件做涂抹标记，也是一种有效的方法。滇金丝猴生活在高海拔地区，这些地方不适宜人类长时间停留，加之滇金丝猴天生机警过人，想给滇金丝猴做涂抹标记，显然是不现实的。因此，用影像来完成个体辨认，是一种有效的方法。从这些猴子的发型、毛发的颜色、五官特征等，可以区别它们是不同的个体。对个体辨认完成了，就为下一步开展行为学、遗传学等方面的研究打下良好的基础。

后 记

  出一本摄影集，曾经是我的梦想。从二十世纪七十年代有幸接触到摄影器材，到本世纪成为"发烧友"。这些年，拍摄了一些不同时代、不同对象的影像资料。虽然拍摄水平有限，但很多内容却是独家拍摄，也算难得。

  也许"孩子总是自己的好"的缘故，很珍惜这些年的拍摄成果，也有朋友建议出画册。我也曾想过出一本画册，题目就用"庄严国土·利乐有情"。前半部分，呈现我国自然界的大美景观，后半部分揭示大自然中的秘密，展现精灵般的野生动物，从而达到人们对环境不忍心再去破坏，对我们的朋友——野生动物不忍心去伤害，使我们的国土日益山清水秀鸟语花香、有情众生自由自在离苦得乐之目的。

  想法与现实总是有距离的，当我精心挑选出八十幅自然风光和一百二十幅野生动物图片，准备进入后期制作时，朋友又建议我先找出版社，谈妥了再编辑。

  找了几家出版社，才知道现在出画册，百分之九十都是自

费出版，如果我的这本画册一定要出版，至少得花十几万元，这着实把我吓了一跳。

十几万元，对我来说可不是一个小数目。十几万元，如果用于救助野生动物，该是多少条命啊？在我的开支计划中，没有这笔钱，也不会拿这么多钱出一本画册。因此，出画册的念头也就彻底打消。选好的片子，再一次被尘封。

2017年2月，《响古箐滇金丝猴纪事》一书出版后，得到业内人士和一些读者的好评。其实，这本书对我和那些滇金丝猴图片而言，都有些意犹未尽。在与《响古箐滇金丝猴纪事》的责任编辑刘家玲、严丽女士的交流中，谈了自己的感想。她们建议并鼓励我，将图片再次精心挑选，中国林业出版社愿意再为我出一部作品——画册。单出一部画册，只能是单幅或多幅图片的展示。拍摄野生动物，不同于风光摄影，无法去追求构图、造型及光影的艺术效果，画面多不够完美，一部不够完美的画册不能给人以视觉的享受，那么这画册也就没有多大意义。我的想法得到了动物学博士刘小龙先生的赞同。他看了照片后，建议我用图片来解释滇金丝猴的生活、行为。题目就定为：滇金丝猴生活图解。

其实，尽管是图解，也不是一件容易的事。画面上的物种单一，势必造成整个书的内容单调。单调的画面，也会有很多内容上的雷同。如何回避这个问题，想过很多办法。仔细翻看这几年拍摄的图片，才感觉到拍摄过程长，且季节分明，环境丰富，图片也足够多。再仔细查看，滇金丝猴一些常见的和不常见的行为，大多已经拍到，更可喜的是，这每张图片后面，都能勾起那些隐藏着的一些故事，让我稍稍松了一口气。

图解，不是为给这些滇金丝猴图片找个归宿，而是想把滇金丝猴那种与人息息相通的神情与灵性展现给更多的读者，让那些无法见到这些精灵的人，能通过影像的方式，一睹它们的风采。我把自己的想法再与刘小龙博士沟通后，小龙兄弟给了我非常多的帮助。他认为，用这些图片来解释滇金丝猴生活中的行为与习性，生动形象地再现它们的生活故事，从科学的角度去探讨滇金丝猴的生存、繁衍、保护以及滇金丝猴与自然与人类的关系，可能更有意义。

我也深知，从科学的角度去探讨，这对我一个学中文的人来说，是个不小的挑战。好在观察滇金丝猴时，还算仔细，这几年，每到白马雪山，便混迹在护林员队伍中，向他们及保护区管理者、滇金丝猴研究专家学了一些相关知识，恶补过后，稍稍有了一点底气，写作过程中遇到的问题，也有这些朋友们出手相助和最终把关，书稿完成得还算顺利。第一稿《滇金丝猴生活图解》终于在2017年初落笔。

滇金丝猴真是一个吉祥的物种，自从认识这群滇金丝猴，便好运不断。2017年4月，本书的责任编辑严丽女士打电话告诉我"北京市科学技术协会的科普创作出版资金资助项目，我们这本书符合申报条件"。这个消息真是让人喜出望外，如果能获得资金的资助，便有了资本去设计、去打磨，那这本讲述滇金丝猴的书，不仅给人视觉的享受，更要奉献的是科学知识的普及。我们在激动中申报，在愉快中等待，在喜悦中通过了终审。

在申请"北京市科学技术协会科普创作出版资金资助项目"过程中，我曾在网上做了一些问卷调查，根据调查得到的结论，针对读者对科普图书的需求与口味，将书稿进行了颠覆性修改。首先尽量回避了科普图书中常出现的枯燥、抽象及难懂的术语，将学术上的知识点，放到滇金丝猴的行为中去探讨，将行为学概念融入到生活中解释。作者力图当一个导游，用图文并茂的形式，用娓娓道来的手法，将读者带进现场，让读者自己走进滇金丝猴社会，聆听它们的声音，感受它们的呼吸。

当修改完成，静下来审视这部书稿时，心态上又发生了许多变化。之前，认为近十万幅（条）的影像，内容非常丰富，本人对滇金丝猴的了解，似乎也已经从相识到相知了，谁知当我换个角度去考量去审读时，方知还有非常多的功课没有做。这样，也有了我第十五次白马雪山之行。让我没有想到的是，就在此书准备印刷之际，白马雪山传来消息："杜鹃花开了，婴猴也出生了好几个"。今年是杜鹃花的大年，同样，也是滇金丝猴生育的大年，于是，我便有了第十六次上白马雪山。在滇金丝猴的栖息地，望着漫山遍野争相怒放的杜鹃林，看着穿梭在花海中怀抱婴猴的猴妈妈，我在思考，这杜鹃花的大年与滇金丝猴出生的大年如此吻合，它们之间是否会有必然的联系呢？

当然，这个样本还过于狭小，但如果扩大样本去探究，不知是否能从杜鹃花的大年得到滇金丝猴生育大年的结论？

也许出于对滇金丝猴从心底的喜爱，在每一次见到它们时，都有一种莫名的亲近感，似乎真是与它们心心相印。在不断地与这些滇金丝猴的接触中，已经达到了感同身受或心有灵犀了。这样，在拍摄过程中，能够感觉到它们的喜怒哀乐、悲欢离合，似乎也能洞察到它们的七情六欲。因此，在拍摄中，更多的是注重了猴群里、家庭间、成员中那些或喜、或怒、或忧、或思、

或悲、或惊的情绪，以及在它们行为中有情节的故事、有温度的心境。也许是过于注重了这一点，往往画面中又忽略了对美感的追求。

也许人们对美感的理解与追求不尽相同。我的理解是，在滇金丝猴的生存条件极其恶劣的环境里，彰显出来的顽强的生命与健康的体魄，是美的核心所在。它们姣美的面容、雄健的身姿、性感的红唇、新潮且带有一丝冷酷的发型让人油然而生敬意。大自然真是神奇，让人近乎窒息的环境，却是孕育出如此让人感叹的物种，真是不可思议。在历经沧桑中，这些滇金丝猴不仅能够生存下来，而且还能按自己的方式生活，传承生命，传递历史。这些具有传奇色彩的秘密，有待人类去揭开。

近些年来，滇金丝猴的栖息地遭受了大面积、大规模的开发与破坏，栖息地严重破碎化，种群之间无法往来，基因交流受阻，这对野生动物而言，潜在的威胁是巨大的。幸运的是，近些年，相关部门已经意识到保护滇金丝猴的迫切性，保护区加大了对滇金丝猴的保护力度。近几年的统计表明：各种群中婴猴的出生率均已高于死亡率，这无疑是种群兴旺的一个信号。

据云南省白马雪山国家级自然保护区管理局维西分局的保护人员介绍，这几年，维西境内的六个滇金丝猴猴群中，数量都有少量的增长。在响古箐被人为正向干预的这个猴群中，增长的数量还比较可观。仅 2016 年，出生十三只，死亡四只。到 2017 年 4 月底，当年已经出生八只，无死亡记录。就在此书编辑之中的 2018 年 3 月 20 日，又有五只婴猴出生了。

响古箐这群受到正向干预的滇金丝猴，它们虽说不能像纯自然群里的猴子那样，天马行空、自由驰骋，但毕竟是一直生活在野生环境里，得到了很好的关爱。无论以局长钟泰为代表的管理者，还是以余建华为核心的护林员，都将这群猴子视为家人一样对待。因此，猴群中从不缺少滇金丝猴固有的浪漫与生动，这些精彩的瞬间，行云流水般的过程，不能不说是一种自然美、生动美和真实的美。

当然，书中还有很多的不足，如果拍摄当初就想到要出书，那在当时的立意及拍摄手段、技术运用上就会格外注意，减少一些出版时的遗憾。

完美，永远是人们追求的目标；完美，永远在路上，追求完美，永无止境。当然，生命科学也告诉我们：一个物种对另一个物种的守护，只有尽力，没有完美。然而，在这里，我不能不说，滇金丝猴真是一个完美的物种，无论它的相貌、它的品格、它的家庭结构形式、它的社会伦理原则，都让人无可挑剔。

在图书编辑过程中，得到很多良师益友无私的帮助，白马雪山国家级自然保护区的工作人员和护林员的帮助自不必说，我国滇金丝猴研究专家龙勇诚先生，中国科学院动物研究所原首席研究员蒋志刚先生，北京林业大学教授、鸟类研究专家郭玉民先生都给了我非常好的建议与帮助。中国林业出版社的一个决定，让"藏在深山人未识"的高原精灵得以走出深山，和广大的读者面对面，这里面浸润着文字编辑、美术编辑的大量心血。这些，都是我要特别致谢的。

书稿经过多次的修改，虽然呈现在读者眼前，但我仍然觉得不够完美。我有上万幅的图片储存量，应该做一部滇金丝猴的行为图谱，只是目前还有些力不从心，但这是我下决心继续追寻拍摄滇金丝猴的动力。如果再有一部滇金丝猴的行为图谱呈现，也不负这些精灵们所给予的厚爱与默契。

于凤琴

2018 年 3 月